CHEMINIAI ELEMENTAI
REGULIARUS LENTELĖ

Beveik begalinis objektai ir medžiagos aplink mus yra iš tikrųjų sudaro tik ribotą skaičių cheminių elementų . Mes žinome , kad šiandien 91 egzistuoja natūraliai Žemėje. Jie pradeda su vandeniliu , kuri buvo suformuota netrukus povisata atsirado . Kiti 90 buvo pagaminti iš branduolinių reakcijų , vykstančių degimo žvaigždės šerdis arba katastrofiškų sprogimų , vadinamų Supernovos , kurie kartais pagamina kai žvaigždės miršta . Dar keli elementai yra pagaminti dirbtinai laboratorijose .

Kiekvienas elementas elgiasi skirtingai ir turi skirtingas savybes iš visų kitų. Organizuoti informacijos apie cheminių savybių elementų ir cheminių junginių jie sudaro sistema yra būtina . Modernus periodinės lentelės visų pirma yra paremta Rusijos chemikas Dmitrijus Mendelejevo lentelė , kurios skelbiamos 1869 pateikti į horizontaliąją eilučių elementai pagal savo svorį su vienoje eilėje po kitos , kad visi su panašiomis savybėmis elementai pateko į vertikalių stulpelių darbą . Iš20-ojo amžiaus su įgytomis žiniomis apie atomo struktūrą ,teisingas būdas užsisakyti elementai buvo atrasti irpateikti periodines lentelės buvo suformuluota .

Atomai sudaryti iš protonų , neutronų ir elektronų yra pagrindiniai komponentai elementai. Anglų fizikas Henris Moseley parodė, kad kas lemia kiekvieno elemento elgseną yra jo atominis skaičius ,protonų skaičių savo branduolį , o ne jo atominė masė , kuriiš visų protonų ir neutronų branduolį priemonė . Todėlteisingas būdas užsakant periodinėje lentelėje elementų buvo jų atominis skaičius . Nors tam tikro elemento atomai turi tą patį skaičių protonų jie gali turėti skirtingas neutronų skaičius . Jie vadinami izotopai ir jų egzistavimas paaiškina, kodėlatominė masė yranepatikimas rodiklis , kad į periodinės lentelės elementas padėtyje.

Elementai yra suskirstyti į tam jų atominis skaičius eilučių , vadinamų laikotarpiai . Judėjimas iš kairės į dešinę per laikotarpį , yra perėjimas iš elementų, kurie metalai į tuos, kurie yra nemetalai . Vertikalios kolonos periodinėje lentelėje yra vadinamas grupes. Visi tos grupės elementai turi panašias chemines savybes ir yra kartais vadinama šeimos elementų .

KODĖL ASPEKTAI grupėje turi panašią CHEMINĖS Saugumo priemonės

Atominis skaičius nustato , kiek neigiamo krūvio elektronai yra pateiktos tam tikros elemento atomų ir tai yraiš elektronų , besisukančių aplink branduolį , kurie lemia , kaip elementai reaguoti viena su kita struktūra . Šis elektronų pasiskirstymas Valence, ar išorinį , pasiūtas iš atomo susiduria su kitais atomais , kai jie reaguoja . Elementai , kurių valentingumas lukštai yra visiškai pilnos yra labai stabilus ir atrodo, kad reaguoja su beveik nieko . Su nebaigtais lukštai bus linkę reaguoti su kitais atomais, tokiu būdu , kad bus baigti šių kriauklių. Atomai su panašiu valentinės - shell konfigūracija turi panašias chemines savybes. Elementai toje pačioje grupėje periodinėje lentelėje turi tą patį skaičių valentinių elektronų.

Periodinėje lentelėje , tada yraapie tai, kaip elektronai išsidėsto į tam tikro elemento atomų žemėlapis . Gebėjimas prognozuoti cheminę elgesį elemento grindžiama eilutės ir stulpelio, kuriame nustatoma, daro periodinės lentelės neįkainojama orientacinė priemonė, skirta mokslo specialistų .

VANDENILIO
Atominis skaičius : 1
Cheminis simbolis : H
Grupė: 1A

Vandenilio sudaro nieko daugiau nei vieno protono , kuri tarnauja kaip savo branduolį ratą vienu elektronu . Jo paprastumas padeda paaiškinti, kodėl ji yra iki šiollabiausiai paplitęs elementas , sudarančių 93 % visų atomų visatoje. Vandenilis yradujos, kurios neturi kvapo ar skonio , yra visiškai bespalvis ir labai flammable.the derinys vandenilio ir deguonies sukuria savo dažniausiai junginys , water.hydrogen taip pat esanti organinių junginių , biologiniai junginiai , esančių gyvųjų organizmų , kvepalai , dažai, pesticidai, PNI ir baltymų ! Sąrašas tęsiasi ir tęsiasi !

HELIUM
Atominis skaičius : 2
Cheminis simbolis : Jis
Grupė VIII-the inertinės dujos

Kaip ir visų inertinių dujų , helio yra bespalvis ir odourless.together vandenilis ir helis sudaro stebina 99,9 % elementų visatoje . Jo pavadinimas kilęs iš graikų kalbos " helios ", kuris reiškia , kad " saulė " . Helis iš saulės gaminama vandenilio sintezė. Ši reakcija teikia energiją , kadsaulė spinduliuoja į kosmosą. Helis yra mažo tankio , todėl yra naudinga pripučiama skraidanti ir šviečianti ir žaislinių balionų jo plūdrumas air.astrnomers naudoti labai šaltą skystį helio pašalinti šilumiņę "Triukšmas" , kad būtų lengviau ir patikimiau gauti duomenis iš tolimų galaktikų .

LITHIUM
Atominis skaičius : 3
Chemijos Simbolis: Li
IA grupė -Šarminiai metalai

Metalo ličio yra labai reaktyvus ir sujungia su aliuminio suformuoti mažo tankio , struktūriškai stiprias lydinys naudojamas orlaivių ir erdvėlaivių . Jis taip pat naudojamas kaip teigiamo poliaus arba anodo mažų baterijų, naudojamų fotoaparatai, stimuliatorių ir skaičiuotuvai. Ličio hidroksidas yralabai efektyvus oro valytuvas . Jis sugeria CO2 iš oro forma ličio karbonato. Ličio turi didžiausią šilumos galia bet kurio elemento . Ši savybė daro jį idealiu šilumos perdavimo medžiagą ir ji yra naudojama eksperimentinių branduolinių reaktorių sugeria šilumą , gaunamą urano fissioning .

Medicinoje ličio karbonato ir ličio citratas yra žinomas kaip labai veiksminga nuotaikos stabilizatoriai manijos- depresijos liga.

berilis
Atominis skaičius : 4
Chemijos Simbolis: Būkite
IIA grupė - šarminių žemių metalai

Savo gryna forma , Berilisšviesos, gana sunku, pilkai baltas metalas . Kaip ir visi metalai , kurie sudaro šarminių žemių grupė , tai yra per daug chemiškai reaguoja rasti savo laisvą valstybę. Mineralo telkinių berilio paskirstomos per Brazilijos, Argentinos ir JAV . Kristalai berilio yra žinomas dėl savo išskirtinį išvaizdą. Abi smaragdas ir akvamarinas yra natūraliai tauriųjų formų šio mineralo . Berilis suvaidino svarbų vaidmenį neutronus atradimą 1932 ir lieka naudingi tyrimų apie atomų branduoliais .

BORON
Atominis skaičius : 5
Cheminis simbolis : B
III grupė

Boro yrasunku, trapūs, nemetalo elementas . Jis paprastai jungiasi su deguonimi , vandens ir natrio junginio, vadinamo boraksas , kuris yra naudojamas kaip valymo agentas ir vandens minkštiklio . Kai vanduo yra sušvelninami ,magnio ir kalcio pakeičiami santykinai nekenksmingas Natrio ir kalio . Kitas boro junginys yra boro Aced naudojama pramoniniu būdu padaryti pirekso , ypatingą atsparus karščiui stiklas naudojamas virtuvėse . Boro " strypai " yra esminis branduolinių reaktorių panaudojimo . Jie gali būti nuleista į reaktoriaus absorbuoti neutronus taip kontroliuojančius galia yra gaminamas reaktoriaus .

ANGLIES
Atominis skaičius : 6
Cheminis simbolis : C
IV grupė

Anglies sudaro tik 0,09 % žemės plutos masės , tačiau tai yraelementas svarbiausia gyvenimo mūsų planetoje. Anglies skolingas savo centrinę vietą organinės pasaulyje savo atomų gebėjimas susieti su kitais anglies atomais sudaro ilgas grandines , kurios yra arba tiesios arba šakotos . Vienas iš tokių ilgai grandinės molekulės DNR rasta genetinės medžiagos visų gyvų būtybių. Elementai gali egzistuoti kelių fizinių formų , vadinamų allotropes . Anglies randamas allotropic formų grafito , anglies ir įspūdingiausia deimantas.

AZOTO
Atominis skaičius : 7
Cheminis simbolis : N
V grupė

Azotas neturi jokio jausmo stimuliavimas turtą ir mes nuolat kvėpuoti dideliais kiekiais , kaip mes įkvepiame orą. Jis dominuoja dujas Žemės atmosfera , sudarančių apie 78 % pagal tūrį. Azoto formos šimtus tūkstančių junginių, kurie yra labai svarbus žemės ūkio ir pramonėssvarbiausių iš jų yra amoniakas . Dujinio pavidalo azotas yra dažnai naudojamas tais atvejais, kai tai yra svarbu, kad kitas, reaktyviosios atmosferos dujoms pašalinti . Pavyzdžiui, kad būtų užkirstas kelias vyno oksidaciją , vyno buteliai dažnai užpildyti azotu pokamščio yra pašalinamas.

DEGUONIES
Atominis skaičius : 8
Cheminis simbolis : O
VI grupė

Deguonis yra atmosferoje vandenyje, ir žemės plutos pačių įvairiausių akmenų ir mineralų. Jis yra būtinas gyvybei ir dalis kiekvienoje biologinėje molekulės mūsų kūnuose. Nors daugelis natūralūs procesai sunaudoja deguonį , jis nuolat papildo fotosintezės todėl nuolat suvartojamų ir nuolat pagamintų augalų. Anglų chemikas Joseph Priestley yra kredituojamas deguonies atradimo . Jis šildomas yra gyvsidabrio oksido ir pažymėjo, kaddujos ji davė ne sukėlė žvakė dega su nepaprastai puikus liepsnos. Dujos buvo deguonis !

fluoro
Atominis skaičius : 9
Cheminis simbolis : F

VII grupė-Halogenai
Fluoras yramažiausias, lengviausias irlabiausiai reaguojanti halogeninis . Visi šios grupės atomai lengvai derinti su metalais, sudarydamas druskas . Daugelyje pasaulio natrio fluoridas yra įtraukta į viešojo vandens tiekimo . Tyrimai parodė, kad maži kiekiai fluoro gali sulėtinti ertmės vystymąsi dantis. Į vandeniliui , fluoro dega sprogi jėga gamina vandenilio fluoridą, kuris kai ištirpusio vandenyje, sudaro vandenilio fluorido. Tai labai pavojinga. Tačiau jis yra naudojamas , kad ištirptų stiklo ir yra naudojamas etch dizainą ant stiklo objektus.

NEON
Atominis skaičius : 10
Cheminis simbolis : Ne
VIII grupės A- kilnus Dujos

Neoninė kaip ir visi inertinių dujų yra vienatomes . Pažįstama neoninės ženklai parduotuvę ir restoranų langų yra neono dujas, kurios šviečia , kai jis energizuojamos elektros išlydžiu . Kai tai atsitiks, neono atomai dujų išskiria radiaciją į raudonai oranžinės šviesos forma . Įvairūs dujos naudojamos gaminti požymiai skirtingų colurs . Kiekvienas dujų , kai džiaugiames spinduliuoja savo būdingą spalvą . Komercinės neonas gaminamas oro suskystinimo gamyklose . Nes neono yra virimo temperatūra - 229 laipsnių Celsijaus , jis lieka kaip liekana podaugiau lakiųjų azoto ir deguonies yra virtos išjungti!

NATRIO
Atominis skaičius : 11
Cheminis simbolis : Na
IA grupė - šarminių metalų

Natris yralabai reaktyvus ryškiai sidabriškai metalinės pakankamai lengvas plūduriuoti ant vandens ir pakankamai minkštas turi būti sumažinti su peiliu. Taidaugelio svarbių junginių dalis, kuri randama plačiai paplitę visoje žemėje. Natrio chloridas,cheminis pavadinimas pagal valgomosios druskos yra kasamas dideliais kiekiais iš natūralių druskos indėliai . Natrio bikarbonatas žinomas kaip soda yra naudojama, kad kepinių atsiranda , kai šildoma arba tešlos tešla kyla , kai kepti . Jis taip pat naudojamas neutralizuoti padidėjusio skrandžio rūgštingumą ir kaip į gesintuvų agentas.

MAGNIS
Atominis skaičius : 12
Cheminis simbolis : Mg
II grupės A- šarminių žemių metalai

Magnis yra pateikti tokiais dideliais kiekiais jūros , kad pasaulio vandenynų kuriuose beveik neribotą pasiūlą ištirpusių medžiagų . Jo didelis privalumas yra tai , kad jis yra labai lengvas , kuri taip pat daro jį idealiu fabricating automobilių ir orlaivių dalys , elektros įrankiai , vejapjovės korpusai ir lenktynių dviračiai. Magnis taip pat yra svarbu tinkama mityba žmonėms , nes labai svarbu , kad tinkamai veiktų kelių fermentų . Jis taip pat vaidina svarbų vaidmenį makiažo žalia chlorofilų esančių visų žaliųjų augalų ląstelių .

ALUMINUM
Atominis skaičius : 13
Cheminis simbolis : Al
III grupė

Paprastai gamtoje kartu su deguonimi, aliuminis yragausiausias metalas Žemės plutoje . Jis yra lengvas ir geras elektros laidininkas , dvi savybės , kurios leidžiaidealiai ingredientas įvairių produktų . Taipuikus atšvaitas radiacijos ir yra naudojami įvairių tipų antenos, šilumos atšvaitų, ir saulės veidrodžių. Be šių kitų savybių , aliuminis yra gana teigiamas . Tai sudaro oksido sluoksnį, kuris apsaugo jį nuo tolesnių reakcijos su aplinka taip, kad jis paprastai laikomas atsparus korozijai . Aliuminis taip pat yra netoksiškas, bekvapis ir beskonis .

SILICON
Atominis skaičius : 14
Chemijos Simbolis: Si
IV grupė

Junginiai silicio privalomas chemiškai deguonimi sudaro didžiąją žemės smėlio, uolienų ir dirvožemio . Šiandien silicis sudaro mikroelektronikos pramonės pagrindą . Silicio lustų naudojimas spausdintinių plokščių leidosusitraukimas kambario dydžio kompiuterius į tuos, kurie gali pailsėti ant jūsų juosmens . Svarbiausias silicio junginys yra silicio , kuris egzistuoja dviejų formų - kvarco ir titnagas . Mažos brangakmenių ir pusbrangių akmenų yra kristalai kvarco su spalvotų priemaišų. Silicio dioksidas yra naudojamas stiklo gamybai. Keramika ir silikonai yra ir kitų svarbių junginių klasių remiantis silicio.

FOSFORO
Atominis skaičius : 15
Cheminis simbolis : P
grupė VA

Fosforas atrado gydytojas Hennig Brand 1669 . Jis distiliuojamas likutis iš virė šlapimu ir gauti kažką, kad švietėtamsoje ir liepsnoja šiltu oru. Fosforas ir šviesos emisija vis dar susietos reiškinys žinomas kaip švytėjimas . Cinko sulfidai yrafosforescuojantis medžiaga, kuri suteikia ne virpėjimas šviesos , kai ištiktų greito elektronų. Tai apie televizijos vamzdžio dangos efektas gamina TV vaizdą. Naudojami komerciškai Beveik visi fosforas , kad fosforo rūgšties . Jo pagrindinis naudojimas yra trąšų grunto gamybos be fosforo nevaisinga . Paprastai randama dviejų formų ty raudonos ir geltonos ,buvęs naudojamas atlikti degtukų .

SIERA
Atominis skaičius : 16
Cheminis simbolis : S
VI grupė

Sieros yrareaktyvus ne metalas gamtoje tiek savo laisvo elemento būklę ir į plačiai paplitusių rūdų ir mineralų pavidalu . Kai kurie bendri mineralai Sieros yra gipsas ty kalcio sulfatas ir piritas dažnai vadinama " Kvailių auksas " . Be to, jų svarbą priimant dirbtinių trąšų , išsaugoti maisto, tekstilės balinimas ir valymas metalai , sieros junginiai turi šimtus kitoms reikmėms susigrąžinti metalus iš rūdų, todėl gumos, viklių, dažų ir dažų, ir sintetinių pluoštų. Iš tiesų tautos lygis pramonės plėtrą lemia jo vartojimo Sieros vienam gyventojui.

CHLORAS
Atominis skaičius : 17
Cheminis simbolis : Cl
VII grupė-Halogenai

Chloras yra nuodingas gelsvai žalia Dwuatomowy dujos. Įkvėpus netgi nedidelį kiekį, gali sukelti rimtų plaučių žalą. Iš galimą pažeidimą cholino toksiškumas todėl puikus dezinfektantas baseinai ir vandens tiekimą. Svarbus junginys chloro vandenilio chloridas, dujos ištirpsta vandenyje, kad pagaminti druskos rūgšties. Vandenilio chlorido rūgštis randama skrandžio sulčių skrandyje kur reikia aktyvuoti baltymų virškinimo fermentų. Dideli chloro buvo naudojamos gaminti insekticidų. Daugelis neseniai buvo uždrausta, nes jie yra laikomi aplinkos teršalų.

Argonas
Atominis skaičius : 18
Cheminis simbolis : Ar
VIII grupės A- kilnus Dujos

1894, argono tapo pirmoji inertinės dujos bus atrasta. Jos komerciniams tikslams pasinaudoti jos trūksta reaktyvumą. Argonasirimo produktas yra svarbus radijo izotopo, naudojamo pažintys roko pavyzdžius, kalio 40.The metodas vadinamas kalio argono pažintys. Kalio turi neįprastai ilgą pusinės eliminacijos periodas 1,25 mlrd metų ir yra randamas daugelyje uolienų. Kai kalio 40 skyla, ji transformuoja save į argonu. Todėl galima nustatyti roko amžių nustatyti, kiek argonas yra. Seniausi uolienos žemėje buvo nustatytas šiuo metodu, nes 3,8 mlrd metų.

KALIO
Atominis skaičius : 19
Chemijos Simbolis: K
IA grupė šarminių metalų

Kalis yra labai reaktyvus todėl niekada rasti savo laisvos valstybinės gamtoje. Jis randamas jūros vandeniu, tačiau mažesnių sumų nei natrio, jo cheminė ekvivalentas. Kalis yra svarbūs augalų augimui tiek daug ištirpusių mineralų kalio yra pasisavinama augalų nesulaukus jūrą. Natūraliai izotopų kalio yra potssium - 40.Human kūne yra 140 gramų kalio. Nuokalio - 40 gausa 0,012 proc, mes visi iš dalies sudaro šios reaktyviosios izotopą. Tailabai prisideda prie mūsų gyvenimo spinduliuotės dozę

KALCIO

Atominis skaičius : 20
Chemijos Simbolis: Ca
II grupės A- šarminių žemių metalai

Kalcis yrasvarbus ingredientas įvairių gyvųjų organizmų. Žmogaus dantys ir kaulai yra kalcio ir jūrų organai kurti savo kriauklių kalcio karbonato. Kalkės,kalcio junginys yrabūtinas pramoninė cheminė medžiaga. Vienas iš jo pirmųjų naudojimo buvo teatro apšvietimas. Kai kalkių šildomas iki aukštos temperatūros , ji suteikia ne intensyvus melsvai balta šviesa. Jis buvo naudojamas 19 amžiaus pradžioje apšviesti subjektai , nulemianti žodžius " dėmesio centre . " Tikriausiaisvarbiausias šiuolaikinės naudoti kalkių yra geležies gamybą nuo jos rūdų .

skandžio

Atominis skaičius : 21
Chemijos Simbolis: Sc
III grupė B Pagaminimo Eilutės Kynienė

Skandis vadovauja pirmoje eilutėje pereinamųjų elementų. Viskas yra gana nelinkusi reaguoti metalai ir daugelis yra labai pavojingas . Skandis yralabai lengvas metalas su gana aukšta lydymosi temperatūra ir rodo gerą atsparumą korozijai . Šios savybės padarė jį labai domina aeronautikos pramonėje statybos orlaivio . Skandis sudaro keletą naudingų junginių. Pats metalas radote naudoti elektroninių prietaisų, tokių kaip didelio intensyvumo lempų , kurios gamina šviesą , kurios spalvinė vertė priartėjo prie natūralios saulės šviesos. Šviestuvai tokio pobūdžio dažnai naudojamas apšviesti futbolo stadionus .

TITANIUM

Atominis skaičius : 22
Cheminis simbolis : Ti
IV grupė B Pagaminimo Eilutės Kynienė

Titano savo gryna valstybės yrametalas, kuris yra lengva dirbti ir labai plastiškos arba gali būti atkreipiamas į vielos. Nepaisant savo nedidelio svorio , tai yra nepaprastai stiprus ir beveik apsaugota nuo įprastų rūšių metalo nuovargis. Ji taip pat turi nepaprastą atsparumą korozijai , kad jis turi visas turtą , reikalingą , kad jiideali medžiaga reaktyvinių variklių ir raketas . Svarbiausia junginys yra titano dioksidasmedžiaga su intensyvaus lakuotais baltos spalvos , kuris yra naudojamas kaip pigmentas dažų , popieriaus ir plastiko.

VANADIUM

Atominis skaičius : 23
Cheminis simbolis : V

Grupė VB Pirma eilutė Kynienė

Vanadžio yrašviesus blizgus metalas , kuris yra gana minkštas ir labai atsparus korozijai . Meksikos profesorius mineralogija viz Andres Manuel del Rio atrado vanadžio 1801 . Vėliau buvo pavadintas po Skandinavijos deivės Vanadis , nes jos daug gražiai spalvotų junginių . Apie 80% vanadžio JAV gaminamo eina į plieną .

CHROMAS
Atomic skaičius : 24
Chemijos Simbolis: Cr
VI grupė B Pagaminimo Eilutės Kynienė

Chromo buvo pavadintas iš graikų kalbos žodžio " Chroma " reiškia spalvą. Graži spalva su rubinais daugelio brangakmenių - raudona , būdingą žalią smaragdais -yra dėl to, kad pėdsakai chromo buvimą. Metalas paprastai išgaunamas iš chromito , su chromo oksido , kuris yra svarbiausia jos rūdos . Kai ore , chromas sudaro nematomą oksidas , todėl ji labai atspari korozijai ir labai naudinga tiek kaip dekoratyvinis ir apsauginis sluoksnis virš kitų metalų, kaip antai žalvario, bronzos ir plieno. Chromas taip pat naudojamas pagaminti iš nerūdijančio plieno.

mangano
Atominis skaičius : 25
Cheminis simbolis : Mn
VII grupė B Pagaminimo Eilutės Kynienė

Manganas yrasunku pilkai baltas metalas , kuris atrodo kaip ir turi daug savybių , panašių į geležies. Įrašyta mangano plieno daro nepaprastai sunku ir atsparus smūgiams . Toks plienas yra ideliai tinka naudoti šautuvas statinėse , banko saugyklose , geležinkelio bėgiai ir žemės darbų įranga. Manganas taip pat priduria, kietumą, tvirtumą ir atsparumą korozijai į lydinius, aliuminio ir magnio. Junginys kalio permanganatas yra rausva spalva, kuri kartais yra vertinamas antikvariniai stiklo. Nors stiklo gamintojų nebegali naudoti mangano , jos gebėjimas spalvos objektus naudojama pašviesinti keramikos ir keramikos .

IRON
Atominis skaičius : 26
Cheminis simbolis : Fe
Grupė VIII B Pagaminimo Eilutės Kynienė

Geležis yra tikriausiailabiausiai paplitusi metalo žmonių visuomenės . Ar mes atsuktuvu ar važiuodami automobiliu ar traukiniu ,svarbą ir naudingumą plieno, konstrukcinės medžiagos yra akivaizdi . Žemės vadinamą šerdies vidus pagamintas iš išlydyto ketaus . Gebėjimas tobulinti metalo tarnavo kaip pagrindinis etapas žmogaus vystymosi žinomas kaip geležies amžiaus (1000 BC) . Jo atradimas persvarą iki įrankius ir ginklus , kurie buvo sunkiau ir patvaresni nei bronzos amžiaus . Šiandien daugiau nei 90 % visų metalų rafinuotų yra geležies .

Kobaltas
Atominis skaičius : 27
Cheminis simbolis : Bendro
Grupė VIII B Pagaminimo Eilutės Kynienė

Pagrindinis rūda kobalto yra cobaltite . Grynas metalas , gautas skrudinant šį rūdos . Pavadinimas kobalto ateina iš Vokietijos " Kobold " , kuris reiškia blogio dvasia . Kalnakasiai dažnai sakoma, kad nelaimingų atsitikimų galvoje sukėlė " Kobold " . Kobalto papildomas plieno pagerinti atsparumą korozijai . Kai kobalto yra sumaišyti su volframu ir vario , ji sudaro STELLITE , metalą, kuris išlaiko savo kietumą esant aukštai temperatūrai, todėl idealiai tinka didelio greičio grąžtų ir pjovimo priemones. Kaip geležis kobalto lengvai įmagnetintų . Galinga magnetinė substancija, žinoma kaip Alnico yrakobalto , aliuminio ir nikelio lydinio.

NIKELIS
Atominis skaičius : 28
Cheminis simbolis : Ni
Grupė VIII B Pagaminimo Eilutės Kynienė

Nikelio dažnai pridedama prie kitų metalų, tokių kaip geležies ir plieno formos lydiniai atsparūs oksidacijai . Nichromometalas naudojamas, kad šildymo elementai skrudintuvai ir elektrinių orkaičių yrachromo ir nikelio lydinio. Didelis elektros varža nichromo kartu su savo aukšta lydymosi temperatūra daro jįlabai veiksminga medžiaga konvertuoti energiją į šilumą. Svarbu naudoti metalo yra nikelio- kadmio baterijų . Ši baterija yra įkraunama todėl ypač naudingas skaičiuotuvai, kompiuterių ir belaidžių elektrinių skustuvų .

VARIS
Atominis skaičius : 29
Cheminis simbolis : Cu
IB GRUPĖ Pirma eilutė Kynienė

Susipažinęs vandens naudojimas yra vamzdžių , kurie atlieka vandens į virtuvę . Nes varis yra vienas iš geriausių laidininkai , variniai laidai yra plačiai naudojama perduoti elektros energiją iš elektrinių į namus , biurus , gamyklas ir kitus pastatus ir iš rozetės į elektrinių prietaisų sauga. Vario kažkada buvo naudojami, kad mygtukai vienodi švarkai policininkai taigišnekamoji " vario " policijai . Žalvaris ,vario ir cinko lydinys turi platų reikmėms iš aparatūra cinko.

CINKAS
Atominis skaičius : 30
Cheminis simbolis : Zn
I grupės B Pagaminimo Eilutės Kynienė

Savo grynos būsenos , cinkas yrasunku, trapūs, sidabriškai metalinės. Jame yra
santykinai atspari korozijai ir greitai formos kietojo oksido plėvelę , kuri apsaugo jį
reaguoti toliau su oru . Į procesą, vadinamą galvanizavimas,cinko sluoksnis yra
padengtas per plieną nuo korozijos . Metalas turi daug kitų reikmėms. Vienas
išsvarbiausių yra bendros sausos ląstelių baterija. Nuo 1981 cinko tarnavo kaip
vyriausiasis metaliniais JAV cento. Cinkas taip pat kartu su vario formos žalvario .

galio
Atominis skaičius : 31
Cheminis simbolis : Ga
III grupėRašyti pereinamųjų metalų

Galio yralabai minkštas metalas su labai žemos lydymosi taško ir itin aukšta virimo
temperatūra apie 2403 laipsnių Celsijaus . Iš temperatūros, kuriai esant galio yra
skystas diapazonas yrabet kokio žinomo metalo didžiausia. Tai labai naudinga
specialiuose aukšto laipsnio termometrai. Kol nebuvo žinoma neseniai keletas praktinio
pritaikymo Galio . Tai pakeitė sparčiai atradimą , kad galio arsenidas gali veikti kaip iš
lazerinio diodo ir konvertuoti tiesiai į lazerio šviesos energijos. Šviesos diodai yra
naudojami laikrodžių ir autodisc žaidėjų įvairovė.

Germanio
Atominis skaičius : 32
Cheminis simbolis : Ge
IV grupėPusmetaliai

Germanio yrasantykinai retas tamsiai pilka kietas elementas . Jis niekada rasti grynos
formos ir pobūdžio, tačiau kartu su deguonimi. Germanio vadinamaspusiau dirigentas .
Nedidelio kiekio priemaišų to labai padidina savo gebėjimą vykdyti elektros energijos. "
Su priedais, " germanis yra naudojama, kad tranzistorių , kurie yra ne iš kietojo
elektronikos pramonės pagrindas. Su dopingo dešimtys tūkstančių tranzistorių , dabar
gali būti suformuota maža germanio lustu kuri iš esmės tampamažas kompiuteris .
Tokios medžiagos buvo įmanomarevoliucija elektronikos miniatiūrinius .

arseno
Atominis skaičius : 33
Cheminis simbolis : Kaip
Grupė VA Pusmetaliai

Arsenas yra trapi kristalinė kieta medžiaga kambario temperatūroje. Jei arseno oksido forma yra gerai žinomas nuodų. Jis naudojamas kaip piktžolių žudikas ir insekticidais. Arsenas nuodų nesukėlė daugelio nusikaltimų rašytojo vaizduotė. Prieš, naujausi kriminalistikos metodus, buvo neįmanoma aptikti aukos kūno. Norsnuodų, arseno junginiai buvo naudojami medicininiams tikslams, taip pat, labiausiai žinomas būtybė '606 ' sugalvojo Paul Ehrlich kaip sifilio gydymas.

SELENAS
Atominis skaičius : 34
Cheminis simbolis : Se
VI grupėPusmetaliai

Selenas guolis mineralų yra per menki, kad reikia iškasti pelningai. Nesnemetalas randama vario ir sieros bendrovės, beveik visi selenas yra panaudojama kaip bye produktas vario perdirbimo ir sieros rūgšties gamyba. Selenas egzistuoja dviejose formose raudona ir pilka. Pilka selenasphotoconductor reiškia, kad norsprasta elektros laidininkas paprastai, jis tampa ir puikus dirigentas, dalyvaujant šviesos. Tai daro selenas vertingas kaip šviesos jutiklis robotų ir lengvųjų metrų.

BROMINO
Atominis skaičius : 35
Cheminis simbolis : Br
VII grupėHalogenai

Bromo yra rausvai skystis su aštraus kvapo. Jos pavadinimas yra kilęs iš graikų kalbos bromos reiškia, smarvė. Bromo galima rasti jūros, požeminių druskos kasyklose ir giliai sūrymu šulinių. Pagrindinis naudojimas bromo yra gaminti benzino priedą vadinamas etileno dibromido. Šis junginys pašalina švino priedų po benzino degimo neleidžiantis švino nuosėdų. Bromo yra labai toksiškas ir degina odą. Be to jos nuodingos garai gali pažeisti nosies ir gerklės.

KRYPTON
Atominis skaičius : 36
Cheminis simbolis : Kr
VIII grupės A Noble Dujos

1933 Linus Pauling ginčijo idėją, kad inertinės dujos buvo chemiškai inertiškas. Junginio jis prognozavo ir kriptonas ir fluoro egzistavimas buvo patvirtintas 1966 metais. Krypton yra bekvapis, beskonis, bespalvis visiškai nekenksmingas dujas. Jo vyriausiasis naudojimas yra " neon " žiburiai, kurie yra šiuolaikinio kraštovaizdžio dalis. Kai uždaromos stiklo vamzdį ir veikiamas elektros biudžeto įvykdymo patvirtinimo, kriptonas gamina šviesiai violetinės spalvos, naudojama oro uostų kilimo ir tūpimo tako ir artėjimo tūpti žiburių . Kriptonas taip pat naudojamas sumaišytas su xenon į aukšto intensyvumo , trumpalaikio poveikio fotografijos flash lemputes ar Strobe žibintai.

rubidžio
Atominis skaičius : 37
Cheminis simbolis : Rb
IA grupė šarminių metalų

Rubidžio yra sidabriškai , labai minkštas labai reaktyvus metalas, kuris dega spontaniškai , kai ore . Jis taip pat smarkiai reaguoja su vandeniu suteikti didelius kiekius vandenilio , kad iš karto suyra į ugnį , nes šiluma iš reakcijos . Rubidžio yra per daug reaktyvus egzistuoti kaip gryno metalo pobūdį ir keletas rubidžio guolis mineralai yra žinomi . Rubidžio neturi prekinės vertės . Metalo buvo atrastas 1861 Vokietijos chemikai Robertas Bunsen Gustav Kirchoff . Jie nustatė , kad pagal spektrinių linijų kaip tarp daugelio šarminių metalų jie tiria priemaiša .

STRONCIO
Atominis skaičius : 38
Cheminis simbolis : SR
IIA grupės šarminių žemių metalai

Stroncio mažai naudoti komerciniais tikslais ir jo junginiai rasiu tik ribotą taikymą pramonėje. Kadangi stroncio druskas , kaip antai stroncio karbonato skleidžia būdingą raudoną spalvą, kai jie dega , jie naudojami įspėjamieji užmiestyje raketos ir fejerverkai. Vienas iš stroncio izotopų Sr- 90 yrapagal produkto branduolinių sprogimų radioaktyvus ir gali užteršti dideli plotai aplinką per iškritos iš atmosferos . Kadangi stroncis 90 yra gaminamas , kai uranas patiria dalijimosi operatoriai branduolinių reaktorių turi būti nuolat sargyboje užkirsti kelią jos atsitiktinio išleidimo į aplinką .

itris
Atominis skaičius : 39
Cheminis simbolis : Y
III B grupė Kynienė

Itris randama mažais kiekiais žemės plutos , bet uolos parsivežė iš Mėnulio turėjo netikėtai didelį itrio turinį . Kai jų temperatūra sumažinama tikkelių laipsnių virš absoliutaus nulio , beveik visi metalai rodo varža kokia. Labai žema temperatūra yra nepraktiška , tačiau . 1987 mokslininkai paskelbė itrio , vario ir bario oksido junginio , kuris buvo superlaidžių bent 93 kelvinų atradimą . Kiti mišiniai šio elemento tiriamos ir yra optimizmas , kad vienas iš jų būtų pasirodyti esąspraktiškas aukštos temperatūros superlaidininko .

ZIRCONIUM
Atominis skaičius : 40
Cheminis simbolis : Zr
IV grupė B Kynienė

Cirkonis yrastiprus , tvirtos metalinės. Jos gebėjimas atlaikyti aukštą temperatūrą todėlidealiai ingredientas karščiui atsparios medžiagos, erdvėlaivių . Geriausiai žinomas junginys cirkonis yrametalo cirkonis . Ji buvo žinoma nuo seniausių laikų ir net nurodyta Biblijoje. Rasta įvairių spalvų , kaikristalas supjaustyti ir nugludinti jis laikomas pusbrangių perlas. Cirkonis turi labai didelį lūžio . Dėl šios priežasties, jos bespalviai kristalai turi neįprastą blizgesį ir kartais yra naudojami kaip pakaitalai deimantais.

niobis
Atominis skaičius : 41
Cheminis simbolis Nb
Grupė VB Kynienė

Metalo niobio buvo svarbus aukštos temperatūros superlaidumo istorijos . Lydinys , sudarytas iš niobio ir germanio turi gebėjimą atlaikyti dideles sroves , pagal kuriuos galima superlaidžiais magnetų konstrukcija tokių priemonių, kaip branduolinio magnetinio
rezonanso skeneriai naudojami diagnostikos medicinoje. Niobis papildomas plieno kitiems specialiems tikslams. Esant aukštai temperatūrai tarp mažų grūdelių ribos , kurios sudaro nerūdijančio plieno susilpninti ir korozijos lengviau nei plieno poilsio. Iš niobio to apsaugo nuo to leisti plieno atlaikyti daug didesnes temperatūras pagal ekstremalių streso.

Molibdenas
Atominis skaičius : 42
Cheminis simbolis : Mb
Grupė B VI Kynienė

Molibdenas yrasunkiai sidabriškai metalinės. Gana dideli indėliai molibdenito randama Koloradas, JAV. Plieno , kurių sudėtyje yra molibdeno gerai tinka orlaivių ir automobilių variklių dalių . Ji gali atlaikyti temperatūros ir slėgio pokyčius nuolat vykstančio variklio . Dėl tos pačios priežasties yra naudojami ginklai ir patrankų gamybai. Vienas iš radioaktyviųjų izotopų , molibdeno- 99 yra naudojamas ligoninėse generuoti technecio - 99 , kuri yra labai naudinga fotografuojant vidaus organus po to, kai imamasi šalies viduje

technecis
Atominis skaičius : 43
Cheminis simbolis : Tk

Grupė B VII Kynienė

Technecis buvopirmasis elementas turi būti gaminamas laboratorijoje iš kito element.Logically ji priima savo vardą iš graikų teknetos reiškia, dirbtinis. Kiekvienas izotopų yra radioaktyvus ir skyla susidaryti kitokio elemento izotopų. Šiandien branduoliniai reaktoriai gamina vieną iš naudingiausių izotopų technecio, techneciu99m. Kai jis yra suleidžiamas į paciento venos ,izotopų bus sutelkti tam tikrų kūno organų ir jo radioaktyvumas bus atskleisti fotografijos plokštele, atskleidžiančius, kaip šie organai veikia.

rutenis
Atominis skaičius : 44
Cheminis simbolis : Ru
Grupė VIII B Kynienė

Rutenis yraretas elementas, kuris paprastai atgautospagal produkto platinos rūdos perdirbimas. Daugiausia rutenis naudojamas kaip pramonės procesų katalizatoriumi. Jis buvo naudojamas kaip gauti vandenilio dujas tiesiogiai išskaidyti vandens molekules, o ne electrolysis.Rutheniumis pat naudojami juvelyrikos verslą kaip grūdinimas priedą į platinos ir dažnai dedami į titano pagerinti atsparumą korozijai katalizatorius. Kiti lydiniai, rutenis naudojami Plunksnakotis kiekis ir specialių elektriniuose kontaktuose.

rodis
Atominis skaičius : 45
Cheminis simbolis : Rh
Grupė VIII B Kynienė

Rodis yrareta, labai sunku sidabriškai pilkas metalas. Ji atrado William Wollaston 1803. Jis pavadino jį po graikiško žodžio rhodon Rose, nes daugelis druskos rožių spalvą. Jis naudojamas Deginių filtro katalizatorių automobiliams. Išmetamosios dujos yrapagrindinis šaltinis atmosferos tarša. Katalizinis konverteris yra pripildyta mažų katalizinių karoliukai, kurių sudėtyje yra platinos, paladžio ir rodžio, kuri konvertuoja karštų išmetamųjų dujų, kurios išbyra per juos į nekenksmingus produktus.

PALLADIUM
Atominis skaičius : 46
Cheminis simbolis : Pd
Grupė VIII B Kynienė

Paladis yraminkštas sidabriškai baltas metalas, panašus platiną. Tai labai kaliojo ir kaliojo. Įdomu naudojimas paladžio atsirado, kai ji buvo serendipitously nustatė, kad tai buvo naudinga gydant vėžį, slopindamas ląstelių dalijimąsi ir buvo gana be šalutinių poveikių. Su puse gyvenimo tik 17 dienų ,palladium103 izotopų gali pristatyti galingą radiacijos dozės sunaikinti vėžio ir dingsta pošiek tiek daugiau nei mėnesį.

SILVER
Atominis skaičius : 47
Cheminis simbolis Ag
IB GRUPĖ Perėjimo elementas (monetų kaldinimo metalas)

Sidabras yra viena iš nedaugelio metalų rasta laisvojo pobūdžio ir jo simbolis Ag kilęs iš lotyniško žodžio Argentum o tai reiškia, sidabro. Jis buvokalimas metalas nuo Biblijos laikais gal net anksčiau. Iš visų metalų, sidabras yrageriausias šilumos laidininkas ir elektros. Tai paprastai nėra naudojami interjero laidų, nes sąskaita, bet plačiai naudojamas aukštos kokybės elektroninės įrangos gamyba.

kadmio
Atominis skaičius : 48
Cheminis simbolis : CD
II grupė B Kynienė

Kadmis aptinkamas tokiais dideliais kiekiais cinko rūdos, kad paprastai laikomipagal produkto cinko gryninimas. Dažniausiai naudojama metalo yra galvanizavimo plieno užkirsti kelią jį nuo korozijos. Jis naudojamas rečiau nei cinko, nes jis yra mažiau paplitęs ir turi polinkį sukelti sveikatos problemų. Kadmio gebėjimas absorbuoti neutronus yra labai svarbus dėl branduolinio reaktoriaus valdymo strypų konstrukcijos. Kadmis taip pat naudojamas kaip raudonos ir geltonos pigmentas daro dažus.

Indis
Atominis skaičius : 49
Cheminis simbolis : Be
III grupėRašyti pereinamųjų metalų

Indžio yrareta melsvai baltas metalas pakankamai minkštas palikti pėdsakai savaime, kai energingai trinamas su kitais metalais. Gryno indžio turi keletą komercinių paraiškas ir jis daugiausia naudojamas kartu su kitais metalų lydinio. Lydiniai, indžio ir sidabro ir indžio ir švino yra geresnių laidininkai nei sidabro ar švino vieni. Jie taip pat nustatė, naudojimo gaminant tranzistorius ir foto ląsteles. Indžio folija dažnai įterpiami į branduolinių reaktorių kontroliuoti branduolinę reakciją. Norma, pagal kurią šių folijos tapti radioaktyviųjų tarnauja kaip vertingas matuoti vykstančių reakcijų.

TIN
Atominis skaičius : 50
Cheminis simbolis : Sn
IV grupėRašyti pereinamųjų metalų

Alavas buvo viena iš pirmųjų metalų , naudojamų žmonėmis. Bronza,vario ir alavo lydinys buvo naudojamas Egipte daugiau nei prieš 5000 metų . Šiandien jis daugiausia naudojamas kaip legiravimo agentas ir padaryti skarda , kuri yra plieno lakštas padengtas plonu sluoksniu iš alavo . Nes skardos apsaugo plieną nuo maistinių rūgščių , skardos buvo padaryti skardines maisto , bet dabar jau labai pakeičiama plastiko ir aliuminio. Jis yra vienas iš labiausiai kaliojo metalų žinomas .

stibio
Atominis skaičius : 51
Cheminis simbolis : Sb
Grupė VA Pusmetaliai

Stibis yrasunku, trapūs, kristalinė , šerkšnas , kietas . Nors žinomas kaip metalo, tailabai prasta elektros laidininkas . Rūdos , kuri tarnauja kaip pagrindinis šaltinis yramineralinės Stibis . Juoda junginys , jis buvo naudojamas senovėje patamsinti moterų antakius . Pagrindinis naudojimas stibio yra bendras saugos rungtynės . Iš degtuko galvutėje yra stibio trisulfide ir oksidatoriumi, pavyzdžiui, kalio chlorato mišinį. Stibis turi keletą kitoms komercinėms patalpoms . Kaip lydinys jis gali padidinti daugelio metalų kietumą.

telūras
Atominis skaičius : 52
Cheminis simbolis : Te
VI grupėPusmetaliai

Telūro yraretas sidabriškai baltas nemetalas . Skirtingai nuo tipiškų metalų , jis yra trapus irprasta elektros laidininkas . Telūro yra vienas iš nedaugelio elementų, kurie puikiai dera su auksu. Junginiai, tai formos yra vadinamas aukso tellurides ir jie sudaro labai svarbią aukso guolių rūdų . Telūro dažnai atgautospagal produkto tobulinimas aukso ir vario . Vyriausiasis naudojimas telūro yra kaip tokių metalų kaip varis ir nerūdijančio plieno sukurti lydinio , kad būtų lengviau mašiną nei originalas metalo priedų .

Jodo
Atominis skaičius : 53
Cheminis simbolis : "Aš
VIIA grupės halogenų

Jodas yravioletinė Juoda kieta medžiaga randama jūros dumblių , sūrymu šulinių ir jūroje . Norsnuodų , vienas iš jos dažniausiai pasitaikančių naudojimas, kaip antiseptiniu tirpalu jodo tinktūra . Jodo druskos dedama į valgomąją ir gyvūnų pašarų . Tai daroma jodo yrasvarbi sudedamoji hormono tiroksino išskiriami skydliaukės ir padeda užtikrinti, kad tinkamai liaukos funkcijos . Sidabro jodido turi galimybę suformuoti milžinišką skaičių kristalai - kiek vienas milijonas milijardų iš vieno gramo - kurie veikia kaip branduolių už lašu formavimas.

XENON
Atominis skaičius ; 54
Cheminis simbolis : Xe
VIII grupės A Noble Dujos

Xenon egzistuoja atmosferą tik pėdsakai . Kaip ir kitų inertinių dujų ji egzistuoja kaip vienatomes molekulė, kuri neturi spalvų kvapo ar skonio. 1962 Neil Bartlettanglų chemikas pagamintas pirmasis inertinių dujų junginį . Jis kartu ksenono ir platinos heksafluorido ir daug savo nuostabą gauti tvirtą , geltona - oranžinė junginį , susidedantį iš molekulių xenon, platinim ir fluoro . Iki šiol ksenono ir kriptonas yra tik inertinės dujos žinomos sudarant junginius . Kaip ir kitų inertinių dujų , xenon naudojama elektros išlydžio vamzdelių gaminti šviesą.

CEZIU
Atominis skaičius : 55
Cheminis simbolis : Cs
IA grupė šarminių metalų

Grynas cezio yraminkščiausias metalo žinomas . Jos ekstremaliomis reaktingumas tapo naudinga šalinant nepageidaujamus dujas iš vakuumo sistemų , pavyzdžiui televizijos vamzdelio viduje. Izotopų cezio - 133 tarnauja kaip oficialų pasaulio akto laiką. Antrasis yra matuojamas nuo skleidžiamos spinduliuotės cezio 133 atomo , kai jis susijaudinęs išorinio energijos šaltinio , o ne pagal žemės sukimosi aplink Saulę , nes ji naudojama. Antrasis yra aprašytas kaip praėjusį laiką tiksliai 9192531770 virpesių skleidžiamos spinduliuotės caesuim - 133 atomo .

bario
Atominis skaičius : 56
Cheminis simbolis : Ba
IIA grupės šarminių žemių metalai

Jei tirpus druska , bario yra gana toksiški. Kita vertus netirpių formų jis yra nekenksmingas žmogaus organizmui. Radiologai naudoti bario sulfato ištirtipaciento žarnyno trakte su Xrays.Barium sulfato taip pat turi daug kitų reikmėms , remiantis nedidelio savo tirpumo vandenyje ir baltos spalvos numerį. Jis naudojamas kaip dėl Fotoplokštelės whitener ir kaip rašomąjį popierių , plastmasę ir dirbtinių pluoštų užpildu . Bario metalas turi keletą komerciniams tikslams , nes jos pasirengimą reaguoti su deguonimi ir drėgmės.

lantano

Atominis skaičius : 57
Cheminis simbolis : La
III B grupė retųjų žemių elementų (lanthanides)

Lantano yrapirmoji iš retųjų žemių elementų serijos. Akivaizdu, kad rasti daug retų elementų , tarpusavyje sumaišyti į vieną mineralas. Tikriausiaisvarbiausias naudojimas lantanowców junginių fabricating elektrodus už didelio intensyvumo anglies lanko lempų naudojami prožektoriai , studijos apšvietimo ir kino projektoriai. Lantano ir jo izotopai randami fragmentų , kurie yra gaminamas, kai urano fissions . Tai buvoiš lantano izotopų atradimas taip pat tiems, bario vokiečių chemikas Otto Hahn , kad galų gale sukelti branduolio dalijimosi idėja.

cerio

Atominis skaičius : 58
Cheminis simbolis Ce
III B grupė retųjų žemių elementų (lanthanides)

Cerio buvo pavadintas po asteroido Ceres kurio atradimas 1801 sukėlė didelį jaudulį mokslo pasaulyje . Gryno metalo forma cerio nebuvo parengta iki 1875 . Būtentgeležies pilkas metalas, kuris yra gana kaliojo ir kaliojo . Cerio junginiai , tokie kaip " lantano yra naudojami komerciniais tikslais sudaro elektrodai su didelio intensyvumo anglies lanko lempos. Kadangioksidas cerio naudojamas kaip į savarankiškai valyti orkaites kur atrodo, kad būtų užkirstas kelias virimo likučių didėjimas sienų priedą .

Prazeodimis

Atominis skaičius : 59
Cheminis simbolis : Pr
III B grupė retųjų žemių elementų (lanthanides)

Jis atrado Carl von Auer Welsbach , Austrijos baronas , kuris buvo suinteresuotas mineralogijos interesus. Grynas metalas izoliuotas nuo rūdos jonų mainų metodą . Keitimo procesas yra naudojamas išskirti vienos rūšies jonų pakeičiant jį kitu . Viename tokio procesoVeiklioji medžiaga yraderva , sudaryta iš didelių molekulių , kurios turi netlike struktūrą. Derva yra mobiliųjų jonai laisvai prijungti prie tinklo . Kaitirpalas, kuriame yra kiti jonai yra pabuvoję derva, jie pakeis mobiliųjų jonus , kad tada Difuzinė iš neto.

Neodimio

Atominis skaičius : 60
Cheminis simbolis : Nd
III grupėretųjų žemių elementų (lanthanides)

Taimagnetinė medžiaga naudojama siekiant sukurti kai kurie iš labiausiai galingų magnetų pasaulyje. Šie magnetai žinomas kaip plunksnų magnetais , nes juose yra geležies ir boro kaip well.they yra toks stiprus, kad du maži magnetai su spauda į vieną iš savo pusės be nukristi. Nd magnetas tik puse colių skersmens yra pakankamai stiprūs, kad atsakyti į magnetinius medžiagų spaustuvinių dažų , naudojamų popierinių pinigų ir gali būti naudojamas siekiant aptikti padirbti . Jis taip pat naudojamas rožių spalvos akinius !

Promethium
Atominis skaičius : 61
Cheminis simbolis : pm
III B grupė retųjų žemių elementų (lanthanides)

Ne Promethium pėdsakų nebuvo rasta Žemės plutos , tačiau ji buvo identifikuota keletą žvaigždžių Andromedos galaktika spektrą. Taisintetinis retas elementas pagamintas branduolinių greitikliai ir branduoliniuose reaktoriuose . Kai neodimio veikiamas intensyvaus neutronų radiacijos metu reaktoriuje , yra paverčiamas Promethium . 28 izotopai elemento iki šiol buvo susintetinti visas yra radioaktyvios . Labai mažai žinoma cheminių ir fizikinių savybių gryno Promethium .

samarium
Atominis skaičius : 62
Cheminis simbolis ; sm
III B grupė retųjų žemių elementų (lanthanides)

Pagrindiniai rūdos samario yra bastnasite ir Monazite . Monazite rūda dažnai , kurių sudėtyje yra net 50 % jų masės ir retųjų žemių randama upių smėlio Indijos ir Brazilijos ir Floridos paplūdimio sand.In savo gryna forma samarium yra sidabriškai baltos spalvos blizgesį ir yra gana atsparūs oksidacijai. Tačiaumetalų užsidega esant žemai temperatūrai . Kai šio elemento junginiai naudojami medžiagoms nuolatiniai magnetai . Samarium oksidas yrapuikus absorbentas iš infraraudonoji spinduliuotė ir papildomas šiuo tikslu įvairių rūšių stiklo ir infraraudonųjų spindulių jautriai fosforo.

Europowy
Atominis skaičius : 63
Cheminis simbolis ; eu
III B grupė retųjų žemių elementų (lanthanides)

Europis yra vienas išrečiausių retųjų žemių metalų. 1901 prancūzų chemikas Eugene-Anatole Demarcay visiškai izoliuoti priemaišą į samario - gadolinio mėginio jis mokėsi ir nustatė, priemaišas , kaip naują elementą . Grynas Europium yra gana minkštas ir sidabriškai baltos spalvos. Tai gana plastiškas ir vienas išlabiausiai reaguojanti iš retųjų žemių metalų. Europis oksidas gana plačiai naudojamas kaip priedas pagerinti raudonojo fosforo efektyvumą televizijos ir kompiuterių monitorių . Jis taip pat yra naudojami, siekiant padidinti energijos vartojimo efektyvumą liuminescencinių lempų .

gadolinio
Atominis skaičius : 64
Cheminis simbolis Gd
IIIA grupė retųjų žemių elementų (lanthanides)

Du izotopai gadolinio yra vieni stipriausių sugerti neutronų . Nors jų trūkumo ribos naudoti, jie yra naudojami priimant valdymo strypai branduolinių reaktorių . Tai Feromagnētisks tai reiškia, kad jis yra labai stipriai traukia magnetus . Tačiau jos Kiuri taškas ,temperatūra, kuriai esant magnetinio medžiaga praranda savo magnetizmo yra maždaug kambario temperatūros . Įrodyta vertingi technika zondavimo metalų interjerą vadinamą neutronų rentgenograma . Jis naudojamas lėktuvuose ir laivų statybos pramonės ieškoti paslėptų trūkumų ir struktūrinių trūkumų, korpusų ir fiuzeliažo .

terbis
Atominis skaičius : 65
Cheminis simbolis : TB
III B grupė retųjų žemių elementų (lanthanides)

Iš gryno metalo pavidalo , terbio yrasidabriškai baltas , Alavas ir pakankamai minkštas turi būti sumažinti su peiliu . Jis neša panašus vadovauti , bet ji yra daug sunkesnė . Kaip švinas ji yra gana atsparus korozijai . Junginiai Terbis turi steigia naudoja specialių lazerių ir kaip liuminoforai , kurios gamina žalią spalvą kineskopuose ir kompiuterių monitorių. Kitos programos apima lydinių gamybą su specialiomis magnetinėmis savybėmis , skirtų naudoti kompaktinių diskų ir aukštos raiškos rentgeno ekranų gamybai .

Disprozis
Atominis skaičius : 66
Cheminis simbolis : Dy
III B grupė retųjų žemių elementų (lanthanides)

Disprozis užima devintą gausa tarp retųjų žemių elementų žemės plutoje . Jis buvo rastas 1886 metais prancūzų chemikas Paul- Emile Lecoq de Boisbaudran į Erbowy oksido mėginio . Jis pagrindė savo vardą graikiško žodžio dysprositos o tai reiškia, sunku gauti ne . Grynas Disprozis nebuvo galima iki 1950 , kai šiuolaikiniai cheminiai metodai, pavyzdžiui, jonų mainų atskyrimo buvo sukurtos . Disprozis primena daugumos kitų retųjų žemių metalų. Tai pakankamai minkštas turi būti sumažinti su peiliu , turi blizgantį sidabrinį spalvą ir yra gana stabilūs ore .

holmio
Atominis skaičius : 67
Cheminis simbolis : Ho
III B grupė retųjų žemių elementų (lanthanides)

1878 , du Šveicarijos mokslininkai pastebėjo holmio charakteristika spektrines linijas , bet negalėjo identifikuoti. Jie pavadino nežinomą šaltinį spektrinės linijos elementas X Netrukus 1879 metais švedų chemikas Per Teodor Cleve išskirtas ir nustatytas elementas dirbant su mineralo, vadinamo erbia . Gryno metalo holmio kuri nebuvo žinoma , kol visai neseniai ryškiai sidabriškai spalva. Tai gana atsparus korozijai ir sauso oro , bet menkina greitai drėgname ore suformuoja gelsvą oksido. Išskyrus jo naudoti kaip dažiklį stiklo, jis turi keletą komercines programas.

erbis
Atominis skaičius : 68
Cheminis simbolis Er
III grupė B retųjų žemių elementų

Erbis atrado Carl Gustaf Mosander geltoname oksido , kad jis izoliuotas nuo mineralinio itrio . Mosander pavadintasŠvedijos kaime Ytterbydidelių koncentracijų itrio ir Erbowy svetainės elementas . Pagrindiniai šaltiniai Erbowy yramineralų xenotime ir euxerite . Erbis taip pat kitų retųjų žemių elementai yra iš tikrųjųšių rūdų priemaiša . Komerciniai prašymai Erbowy yra gana ribotas . Jos oksidai dažnai įtraukta į stiklo ir emalio glazūros spalvą jiems rožinė . Stiklas dažnai naudojama saulės ir nebrangiai papuošalai.

tulis
Atominis skaičius : 69
Cheminis simbolis : Tm
Grupė IIIB retųjų žemių elementų (lanthanides)

Tulio yraretųjų žemių elementų , kad yra labai mažai. Tai įvyksta labai mažais kiekiais kitų retųjų žemių bendrovė. Švedų chemikas Per Teodor Cleve atrado elementas 1879 ir pavadino jį "Thule" , senovės pavadinimą Skandinavijoje. Pagrindinis šaltinis tulio yramineralinis Monazite kuris susideda iš maždaug 7/1000 dėl 1 % tulio . Jis turi keletą komerciniams tikslams , išskyrus naudojamas lazeriuose . Jis yra brangus , bet labai mažai metalo galima eksperimentuoti .

Iterbis
Atominis skaičius : 70
Cheminis simbolis : Yb
III B grupė retųjų žemių elementų (lanthanides)

Iterbis ,pirmasis retas elementas atrado randamas kuklus gausa Žemės plutos ir visada bendrovei retųjų žemių . Jis buvo atrastas prancūzų chemikas Jean de Marignac 1878 kaip mineralas vadinamas erbia ir pavadinta Švedijos kaime Ytterby dėl savo didelės koncentracijos Erbowy pagrindu komponentas. Grynas Iterbis metalo nebuvo galima studijuoti iki 1953 m . Jo komerciniams tikslams yra legiravimo agentas su nerūdijančio plieno. Kai kurie lydiniai, taip pat buvo naudojamos odontologijoje .

lutecis
Atominis skaičius : 71
Cheminis simbolis : Lu
III B grupė retųjų žemių elementų (lanthanides)

Nors jis niekada oficialiai paskelbė savo rezultatus , JAV chemikas Charles James dabar laikoma atrado lutecio 1907 m . Dirbantpradžioje 1900-aisiais prie Naujojo Hampšyro universiteto James tapopagrindine jėga , retųjų žemių elementų gamybai. Jis ir jo mokiniai būtų apdoroti tonų rūdos ir darbo per kristalizacijomis gaminti vieną mėginį. Grynas lutecio metalas yra sunku ir brangu parengti . Taisunkiausia irsunkiausias retųjų žemių elementų . Nėra komerciniams tikslams buvo sukurta .

hafnio
Atominis skaičius : 72
Cheminis simbolis : HF
IV grupė B Kynienė

Hafnio savybių , taip pat jos istorija yra glaudžiai susijusi su cirkonio . Daugelis tikėjosi , kad elemento 72 egzistavimą , betjos cheminės dvynio Visuresme trukdė jo nustatymo . Pagrindinis naudojimas hafnio yra pagrįsta vienu iš jo keletą skirtumų iš cirkonio . Jos gebėjimas įsisavinti šilumos neutronus todėlnaudinga medžiaga reaktoriaus valdymo strypus . Pagrindiniai privalumai hafnio , palyginti su kitais strypo medžiagos yra jos stiprumas ir atsparumas korozijai . Deja gana didelio reaktoriaushafnio strypai gali kainuoti $ 1.000.000 arba daugiau.

Tantalas
Atominis skaičius : 73
Cheminis simbolis : Ta
Grupė VB Kynienė

Tantalo yralabai sunku ir labai sunkiųjų metalų . Jo cheminis inertiškumas verčia tantalas labai atspari medžiagų žmogaus organizmui. Tai lėmė paraiškų dantų ir medicinos kabinete kompiuterio. Tantalo kaip legiravimo medžiaga prisideda atsparumas korozijai , plastiškumas , kietumas ir aukštą lydymosi tašką su kitų metalų įvairovė. Dar vienas svarbus naudojimas iš tantalo yra mažų , bet galingų elektrolitinių kondensatorių statybos . Šie kondensatoriai yra specialiai naudinga miniatiūrines elektroninės grandinės , kuris yra prie tokių įrenginių kaip mobilieji telefonai ir kompiuteriai širdį.

volframo
Atominis skaičius : 74
Cheminis simbolis : W
Grupė VIB Kynienė

Vienas iš svarbiausių naudojimo volframo yra gijos dėl bendros lemputės gamybai. Volframas yra didžiausias lydymosi temperatūra -3410 laipsnių C ir didžiausios virimo temperatūra 5900 laipsnių C - bet metalo. Aukštos temperatūros paraiškas volframo svyruoja nuo šildymo elementų elektriniai šildytuvai su ant raketų variklių kosminiuose purkštukų . Elektra , tekanti per susukti vielos volframo gamina pakankamai šilumos darytivielos balta karšta. Siekiant užkirsti kelią metalą nuo perkaitimo inertinės dujos , pvz azoto ir argono pridedami prie lempos , kurių sudėtyje yra volframo siūlelis .

renis
Atominis skaičius : 75
Cheminis simbolis : Re
Grupė VIIB Kynienė

Renis vienas išrečiausių elementų buvo rastas platinos rūdos Vokietijos chemikai Ida TACKE Walter Nodack Otto Carl Berg 1925 metais. Jame yralabai tankus metalas su sidabriškai pilkos spalvos blizgesys ir kurio lydymosi temperatūra viršijo tik volframo ir anglies. Taiuž renis naudojamoms kartu su volframo padaryti termoporos temperatūrų matavimo toks didelis, kaip 2000 laipsnių C. renis dažniausiai naudojama kaip legiravimo agentas fabricating metalų , kurie yra atsparūs drabužiai, pavyzdžiui, tie, kurie taikomi elektros jungiklio kontaktus ir elektrodų pagrindas .

osmis
Atominis skaičius : 76
Cheminis simbolis : Os
Grupė VIII B Kynienė

Kadangigrynas metalas yra sunku, osmis dažnai pagaminti miltelių pavidalu, kurie yra tada susiformavo į vientisą masę kaitinant . Milteliai oksiduojasi ore ir lėtai išmetami kaip stiprus kvapo nuodingas dujas , galinčiu sukelti plaučių ir odos pažeidimų. Jos nuodingas oksido dujų emisija sudaroapie osmis metalo naudoti nepraktiška . Kaiplegiravimo priedų , tačiau jis yra gana saugus , ir dažniausiai naudojama , kad kietų lydinių su tokiais metalais kaip platinos ir iridžio . Šie lydiniai naudojami elektros jungiklio kontaktus , fonografo adatų ir parkerio patarimų.

IRIDIUM
Atominis skaičius : 77
Cheminis simbolis : Ir
Grupė VIII B Kynienė

Iridium yratarpūs gelsvai balti tauriųjų metalų . Jis paprastai randamas rūdų , kurių sudėtyje yra platinos arba nikelio. Atskyrimas nuo šių rūdų yrasunkus ir brangus uždavinys, kuris yra pateisinamas tik tuo pačiu metu išieškoti platinos ir nikelio . Vyriausiasis taikymas iridžio yra kaip platinos sukurti lydinius , kurie didina pastarosios metalo kietumą priedą . Iridium atsparumas korozijai daro ji taip pat naudinga daiktų, kurie reikalauja absoliutaus grynumo , pavyzdžiui, injekcijų adatos ir raketinius variklius gamyba.

PLATINUM
Atominis skaičius : 78
Cheminis simbolis : Pt
Grupė VIII B Perėjimo elementas (Tauriųjų metalų)

Daugelis naudoja platinos pasinaudoti savo cheminį patvarumą ir inertiškumo . Jis naudojamas naftos perdirbimo , stomatologijos , keramikos pramonės, elektros ir elektronikos pramonės , ir yra labai vertinami juvelyrikos priėmimo. Platinum yra taip pat naudingas automobilių pramonei. Jis padeda cheminių reakcijų , kad išvalyti išmetimo iš automobilių variklių , keičiant anglies monoksido ir nesudegusių kuro į vandenį ir anglies dioksidą. Be toiš iridžio , platinos lydinio baras tarnauja kaip pasaulinio lygio už kilogramą , pagrindinio vieneto masė metrinės sistemos .

AUKSAS
Atominis skaičius : 79
Cheminis simbolis : Au
IB GRUPĖ Perėjimo elementas (Tauriųjų metalų)

Auksinis prekiaujama prekių biržų ir jo kainos svyravimai yra laikomas svarbiausiu ekonomikos sveikatos indeksas. Tailabiausiai kaliojo ir kaliojo visų metalų. Nes tai taip pat yra vienas išlabiausiai nelinkusi reaguoti , ji gali išlaikyti savo puikią blizgesį. Gamtoje auksas yra paprastai randama kaip gryno metalo , dažnai grynuoliai arba dribsnių . Jo grynumas yra matuojamas kaip ct. Grynas auksas yra sakoma, kad 24 - karatų aukso . Kadangi tai yra labai minkšta, tačiau labiausiai aukso papuošalai yra pagaminti iš 18 karatų aukso.

MERCURY
Atominis skaičius : 80
Cheminis simbolis : Hg,
II grupė B Kynienė

Gyvsidabris yravienintelis metalas, kuris yra skystas kambario temperatūroje išlieka labai plačiame ir patogus temperatūrų skystis. Kai kurie bendri buitiniai gaminiai, kurių sudėtyje yra gyvsidabrio termometrai, barometrai, termostatai, tylus sienos jungikliai ir liuminescencinės lempos. Programos gyvsidabrio Pramoniniai būti difuziniai siurbliai ir gyvsidabrio garų lempos, kad generuotų melsvai baltos šviesos iš gatvės apšvietimas. Dar viena naudinga savybė gyvsidabrio yra jos gebėjimas ištirpti kitų metalų formos lydiniai žinomas kaip amalgamas. Stomatologai dažnai naudoja sidabro gyvsidabrio amalgamos užpildyti dantis.

talis
Atominis skaičius : 81
Cheminis simbolis : Tl
III grupėpo pereinamojo metalo

Bendro šaltinio talis yra cinko ir švino perdirbimą. Tai kaliojo ir sunkiųjų metalų yra gana aktyvus ir lėtai ardo ore. Talis ir jo junginiai yra labai toksiški ir yra įrodymų, kad gali sukelti vėžį. Net sąlyčio su oda gali būti pavojingas, nors ir labai mažomis koncentracijomis talis buvo naudojamas ringworms gydymą. Talio sulfatas yrabekvapiai ir beskoniai nuodų, kad anksčiau buvo naudojami žudyti žiurkes ir vabzdžių, bet dabar ji buvo uždrausta keliose šalyse.

ŠVINAS
Atominis skaičius : 82
Cheminis simbolis : Pb
IV grupė

Švinas yralabai kaliojo metalo, kurie gali būti lengvai dirbo, kad indai, visų rūšių. Švino monetos ir skulptūra buvo rasta Egipto kapų, datuojamas 5000 BC. Jis daugiausia naudojamas, kad elektrodai švino akumuliatoriai. Švinas yra taip patsvarbi lydmetalis naudojamas gaminant elektros jungtis ant plokštės kompiuterių ir televizorių. Stikliniai ekranai televizorių švino apsaugoti žiūrovą nuo radiacijos. Iš tiesų kiekvienas televizorius turi beveik pusę švino svarą.

Bismuto
Atominis skaičius : 83
Cheminis simbolis : Patinka
Grupė VA Rašyti pereinamųjų metalų

Bismuto yrabaltos trapus metalas, kuris turi šiek tiek gelsvos atspalvį. Bismuto baltasis junginys buvo naudojamas kaip opų gydymo antacidinių vaistų. Bismuto oksidas yrapopuliarus geltonasis pigmentas naudojamas kosmetikoje. Kaip vandens bismuto yra viena iš nedaugelio medžiagų, kurios plečiasi, kai jis keičia skysčio geras. Šis nekilnojamasis turtas yra naudojamas, kad lydiniai , kurių apimtis išlieka pastovi , kai jie įtvirtinti . Metalai legiruoto su bismuto gali būti naudojama verčia ir formų , kad išlaikyti jų konkrečius matmenis , net kai pripildyta išlydytą metalą .

Polonium
Atominis skaičius : 84
Cheminis simbolis : Po
VI grupėPusmetaliai

Iš poloniu atradimas pateikė Marie ir Pierre Curie 1898 apibrėžia vieną iš didžiųjų akimirkų mokslo istorijoje , vedančio į šiuolaikinės koncepcijos atomo branduolio ir jos struktūros supratimas. Polonis turi 27 žinomų izotopus , ir visi jie yra radioaktyvūs . Vienas lengviausiai prieinama yra polonis 210 ,sidabriškai nemetalas , kad yra gana nepastovios ir 100.000 kartų labiau toksiškas nei cianido . Radiologinių laboratorijųizotopų sumaišyti su milteliais berilio dažnai naudojamas gaminti didelius kiekius neutronų be branduolinio reaktoriaus naudojimą.

astatas
Atominis skaičius : 85
Cheminis simbolis : Šiuo
VII grupėHalogenai

Maži kiekiai astatas egzistuoja natūraliai , kaip skilimo produktų urano ir torio . Astatas pirmą kartą buvo pagamintas 1940 metais keletas radiochemists komanda bombarduoti bismuto su alfa dalelių. Tik maždaug 1 milijonoji dalis iš astatas gramą buvo faktiškai pagamintas dirbtinai , todėl nenuostabu, kad mažai žinoma apie jo savybes . Jo chemija turėtų būti gana panašus į jodo nors yra tam tikrų įrodymų, kad jį gali būti šiek tiek daugiau metalo .

RADON
Atominis skaičius : 86
Cheminis simbolis : Rn
VIII grupės A Noble Dujos

Radonas yra gaminamas kaip viena iš pagal produktų radioaktyviojo skilimo urano ir torio . Radonas - 222 , jo ilgiausiai gyvuojančių izotopų randama didelė koncentracija SA Dujos dirvožemyje , nes pėdsakų urano randama žemės plutoje . Nors jis auga , tabakas užterštos radonas iš dirvožemio ir urano turtingas fosforo trąšų naudojama vazonai . Kaiį cigarečių tabakas sudegino ,inhaliuojamųjų dūmų dalykai rūkyklą iki tokio lygio radiacijos 1000 kartų didesnis nei tos, kuriomis pagal į atominės elektrinės darbuotojo .

francis

Atominis skaičius : 87
Cheminis simbolis : Fr
I grupės A šarminių metalų

Francis yrasunkiausias iš šarminių metalų , ir vienas išlabiausiai nestabili žinomi. Visos jos izotopų yra radioaktyvus dar net jos ilgiausiai gyvuojančių izotopų francis - 223 pusinis gyvenimą tik 21 minučių. Jos 30 žinomų izotopų tik francis 223 egzistuoja gamtoje. Visi kiti izotopų francis gaminami dirbtinai greitikliai ir branduolinių reaktorių ir yra pernelyg nestabili ir dėl to tirtas gylio. Elementas buvo atrastas 1939 m Marguerite Perey dirba Curie instituto Paryžiuje. Jis pavadintas šalies, kurioje jis buvo nustatytas.

RADIUM
Atominis skaičius : 88
Cheminis simbolis : Ra
II grupės A- šarminių žemių metalai

Radžio atrado Marie ir Pierre Curie 1898 . Dėl radžio ir polonio atradimas, "Marie Curie" buvo apdovanotas Nobelio premiją chemijos srityje . Tai buvo jos antrasis ; ji pasidalinopirma su vyru ir Henri Bekerelis 1903 atradimas radioaktyvumo . Grynas radis metalas turi puikų baltą spalvą ir taip liuminescenciniai , kad ji švyti tamsoje išskirtos silpną mėlyną spalvą . Radžio yra naudojamos daugelyje medicinos įstaigas generuoti radioaktyviųjų dujų radono , kuris yra naudojamas vėžio gydymo .

Aktinio
Atominis skaičius : 89
Cheminis simbolis : AC
III B grupė Perėjimo elementas (Aktinoidai)

Aktinis yraradioaktyvus elementas pagamintas natūraliai radioaktyvaus skilimo ilgai gyveno elementai radžio ir torio . Labai maži jai buvo pagaminti dirbtinai ir ji turi labai ribotą komercinę programą. Jo cheminės savybės panašios į lantano . Taip pat kaip ir lantano , tai yrapirmasis iš serijos elementų , vadinamas aktinidai kurie analogiški lantanoidų . Kaip retųjų žemių , šie elementai pridėti elektronus vidinės orbitos karkaso ir todėl turi panašias fizines ir chemines savybes.

TORIO
Atominis skaičius : 90
Cheminis simbolis : Kt
Grupė IIIB Perėjimo elementas (Aktinoidai)

Toris yraradioaktyviosios sidabriškai baltas metalas, kuris menkina labai lėtai , kai ore . Monazite smėlis kai kurie iš jų yra rasti Floridos paplūdimių gali būti net iki 10 % torio . Nepaisant jo radioaktyvumo , toris ir jo junginiai turi keletą komercines programas. Ji tarnauja kaip efektyvus spinduolis elektronų elektroninių prietaisų. Puikus apšvietimas , kad jo oksido išmeta , o deginimas taip pat jis naudojamas fabricating tam nešiojamų dujų lempas. Toris 232 ,su pusinės eliminacijos 14 milijardų metų izotopų rodo didelį pažadą taptibranduolinės energijos šaltinis ateityje.

Protactinium
Atominis skaičius : 91
Cheminis simbolis : Pa
III B grupė Perėjimo elementas (Aktinoidai)

Jis yra vienas išRetenybė ir brangiausias visų natūraliai egzistuojančių elementų . Tikkeli šimtai gramų yra prieinama tyrimo . Ši skurdi suma daugiausia buvo gaminami Anglijoje maždaug prieš 30 metų , kai ji buvo išskirta iš 60 tonų rūdos esant pusę milijono dolerių kainą. Nedaug žinoma apie jo fizines ir chemines savybes . Taisidabro baltos spalvos metalas su ryškiai Pasveikink , kad jis praranda labai lėtai ore oksidacijos . Taip pat žinoma, kad labai nuodingas.

URANIUM
Atominis skaičius : 92
Cheminis simbolis : U
III B grupė Perėjimo elementas (Aktinoidai)

Uranas yrapaskutinis irsunkiausias iš natūraliai esančių elementų . Įkurtas 1841 , tai buvopirmasis radioaktyvus elementas būtų galima identifikuoti. Vėlyvą 1930-aisiais per eksperimentus su urano Vokietijos mokslininkai Lise Meitner Otto Hahn pastebėjo procesą, kuris vėliau buvo pripažinta , kadbranduolių dalijimasis . Iš neutronų gebėjimas išsiskirs urano branduolio dalijimosi save padalinti kitos urano branduoliai buvo greitai panaudota mokslininkų sukurti savarankišką grandininę reakciją. Kai kontroliuojamas, ši reakcija gamina energiją mes gauti iš branduolinių reaktorių . Kai nekontroliuojamo jis gali sukurti atominį sprogimą.

neptūnus
Atominis skaičius : 93
Cheminis simbolis : NP
III B grupė Perėjimo elementas (Aktinoidai)

Neptūnus buvopirmoji dirbtinai gaminamas Transuran elementas . Darbas prie Kalifornijos universiteto Berklyje 1940 cyklotronie , JAV fizikai Edvinas McMillan Philip Abelson gaminamas neptūnio izotopas bombarduoti uraną neutronais . Dabar yra žinoma, kad mikroelementų kiekiai Neptunium d tikrųjų egzistuoja gamtoje kaip neutronų veiksmų urano elementą rezultatas. Šiuo metu 18 izotopai neptūnio izotopo buvo gaminami visi jie radioactive.the svarbiausia irpirmiausia turi būti gaminamas buvo neptūnus 237 su pusinės 2,1 milijonų metų .

Plutonium
Atominis skaičius : 94
Cheminis simbolis : Pu
III B grupė Perėjimo elementas (Aktinoidai)

Plutonis turi 15 žinomų izotopus visi jie radioaktyvūs. Plutonis 239 yrasvarbiausia, nes ji lengvai fissions kai užmiega šiluminių neutronų . Kaip urano 235 , jo atomų branduoliai padalinti į dvi tarpines dydžio branduolių (vadinamas skilimo fragmentai) išleido daug energijos ir gamina vis daugiau neutronų išlaikyti grandininę reakciją. Sumaišyti su milteliais berilio , tai yraveiksminga šaltinis neutronų mokslinio darbo . Plutonis gali būti gaminami dideliais kiekiais branduoliniuose reaktoriuose . Jo gausa taponumeris vienas pasirinkimas branduolinių ginklų.

Americium
Atominis skaičius : 95
Cheminis simbolis : Am
III B grupė Perėjimo elementas (Aktinoidai)

Jis buvo rastas 1944 metais chemikų pagal Glenn Seaborg.His komandos vadovybės komanda pagamino Americium - 241 , vienas iš 14 žinomų izotopų kurie visi yra radioaktyvūs. Americį 241 gaminamas dideliais kiekiais branduolinių reaktorių . Intensyvūs gama spinduliai jis skleidžia daro tai labai naudinga, nes nešiojamas šaltinio rentgeno spindulių. Jis taip pat naudojamas dūmų detektoriai.

Kiuris
Atominis skaičius : 96
Cheminis simbolis : Cm
III B grupė Perėjimo elementas (Aktinoidai)

Kiuris yrasidabriškai baltas metalas, kuris yra labai reaktyvus . Pirmasis iš 14 žinomų izotopų būti atrasta buvo Curie 242 . Kiuris 242 ir Curie 244 buvo naudojamas kaip energijos šaltinių atokiose vietovėse. Spinduliuotės šie izotopai skleidžia gali būti konvertuojamos į šilumą ir tada į elektros šiluminių įrenginių. Nors jis turi palyginti trumpą pusėjimo ,galingumas Kiuris 242 yra įspūdingas , ty apie 02:58 vatų vienam gramui . Šie kompaktiški įrenginiai yra naudingi širdies stimuliatorių , nuotolinio navigacinius plūdurus ir kosmoso misijas .

Berkėlium
Atominis skaičius ; 97
Cheminis simbolis : Bk
III B grupė Perėjimo elementas (Aktinoidai)

Jis buvo rastas UC Berkeley, 1949 komanda, kurią sudaro George Seaborg , Stanley Thompson ir Albert Ghiorso ir buvo pavadintas po miestą. Jie susintetino naudojant ciklotroną bombarduoti iš americio 241 su alfa dalelių mėginys. Naudojant Berkelium 249 , tai buvo įmanoma 1962 pasiekti 3 milijardinė iš Berkélium chlorido g . Nėra komercinės arba mokslinės programos dar nebuvo sukurta .

kalifornis
Atominis skaičius ; 98
Cheminis simbolis : Plg
III B grupė Perėjimo elementas (Aktinoidai)

Jis buvo rastas chemikų naudojant ciklotroną bombarduoti Kiuris 242 su alfa dalelių komanda. Izotopų Californium 252 pavadintas Kalifornijos valstijos spontaniškai skleidžia neutronus . Neutronų šaltiniai yra kartais sunku ateiti iki . Arbabranduolinis reaktorius yra privaloma arba kai labai radioaktyvus spinduolis alfa dalelių, pavyzdžiui, plutonio maišyti su berilio miltelių . Iš labai nešiojamų neutronų šaltinio atradimas rodo, gali būti lengvai į už naftos guolis sluoksnių žemės analizei arba kasybos aukso ir sidabro srityse daug galimų paraiškų Nebaigta 252.lt .

Einstein
Atominis skaičius : 99
Cheminis simbolis : Es
III B grupė Perėjimo elementas (Aktinoidai)

Albertas Ghiorso ir jo bendradarbiai atrado šį elementą 1952 tirdamas vandenilio bombos sprogimas Pacific.16 izotopų šiukšlės yra žinoma , labiausiai stabilios Būdamas Einstein 254 su pusinės eliminacijos 252 dienų. Dauguma šių izotopų buvo pagaminti didelio srauto izotopų reaktorius Oak Ridge nacionalinės laboratorijos Tenesio švitinant plutonio 239 su intensyvaus spindulių neutronai .

fermis
Atominis skaičius : 100
Cheminis simbolis : FM
III B grupė Perėjimo elementas (Aktinoidai)

Kaip Einstein , Fermis buvo nustatyta 1952 m Ghiorso ir kolegų vandenilio bombos sprogimą Ramiojo vandenyno šiukšlių. Izotopai Fermis pavadintas po Enrico Fermi paprastai sintetinami pajungiant elementus, pavyzdžiui, urano ir plutonio į intensyvaus neutronų bombardavimo . Be neutronų turtingas aplinkoselementas , pavyzdžiui, urano gali atlikti iš eilės neutrono pagavos dažnai sugeria daugiau kaip 16-17 neutronus gaminti sunkiuosius Transuran elementus .

Mendelevium
Atominis skaičius : 101
Cheminis simbolis : Md
III B grupė Perėjimo elementas (Aktinoidai)

Devintasis dirbtinis Transuran elementas pavadintas Dmitrijaus Mendelejevo buvo atrastas 1955 m mokslininkų grupei pagal Albert Ghiorso . Tęstinis savo paiešką vis sunkesnių elementųkomanda naudojo ne Berkeley ciklotroną bombarduoti Einstein 253 su alfa dalelėmis (helio branduolių) ir galiausiai pagaminti Mendelevium 256 . maži kiekiai labai apsunkino jo identifikavimo . Dažnai sakoma, kad šis elementas buvo susintetintas vieną atomą metu. Tik pėdsakų Mendelevium izotopų buvo padaryta ir yra mažai žinoma apie jų chemija.

nobelium
Atominis skaičius : 102
Cheminis simbolis : Nėra
III B grupė Perėjimo elementas (Aktinoidai)

Kuriant chem 254 , Ghiorso ir jo kolegos perkraunami iš Kiuris 246 su anglies 12 jonų naudojant sunkiųjų jonų Linear Accelerator mėginį. 11 izotopai šiol buvo susintetinti ir visi jie yra radioaktyvūs. Nobelium 259 yrailgiausiai gyveno su puse gyvenimo 57 minučių. Pavadinta Alfred Nobel , buvo gaminami kiekiai yra pakankamai dideli, kad būtų galima savo cheminių ir fizikinių savybių tyrimas .

Lawrencium
Atominis skaičius : 103
Cheminis simbolis : Lr
III grupė B (The Aktinoidai)

Tęstinis jų stebina eilutę atradimų , Berkeley mokslininkai susintetino ir izoliuoti Lawrencium 1961 bombarduoti iš 3 izotopų Nebaigta mišinį su boro 10 ir boro 11 jonų naudojant sunkiųjų jonų Linear Accelerator . Tikslinė svėrė tik keletą milijonoji gramo darkomanda sugebėjo gaminti cheminių elementų 258 su pusinės eliminacijos 4 sekundes. Jis buvo pavadintas garbei Ernest O.Lawrence , į cyklotronie išradėjas .

rutherfordium
Atominis skaičius : 104
Cheminis simbolis : Rf
IV grupė Btransaktynowcowych

Konkuruojančių pretenzijų istorija supainiojo elementas 104 pavadinimų . Komandą iš Berkeley , taip pat grupė iš Rusijos teigė kreditą elementą 104 .Arnerikos teiginys juodiejidieną . Jis pavadintas po to, kai Naujosios Zelandijos Ernest Rutherford !

Dubnium
Atominis skaičius : 105
Cheminis simbolis : Db
Grupė VBtransaktynowcowych .

Ginčijamos pretenzijos jo atradimo kamuoja elementą 105 . Iš 1970 Ghiorso ir jo
komanda Berkeley užmiega Nebaigta 249 su sunkiojo azoto 15 jonų ir teigiamai
identifikuoti elementą kurią jie pavadino po Otto Hahn ir gautą patvirtinimo iš Amerikos
chemikų draugijos . Tačiau 1997IUPAC nusprendė t pakeisti pavadinimą į Dubnium . Jo
cheminės ir fizikinės savybės yra nežinoma .

Seaborgium
Atominis skaičius : 106
Cheminis simbolis Sg
Grupė B VItransaktynowcowych

Kaip ir kitų dviejų ginčijamų elementųatradimas elemento 106 reikalavimas kartu su
teise jį pavadinti buvoginčo objektas . 1974 metais,Rusijos komanda paskelbė, kad jie
buvo pagaminti unnilhexium . Kadangi eksperimentai nepavyko patvirtinti savo rezultatą ,
jų ieškinys buvo abejonių. Maždaug tuo pačiu metu , mokslininkai Berkeley pranešė
apie unnilhexium 263 atradimą po bombarduoti Nebaigta 249 su deguonimi 18 . Be
1993 , mokslininkai Lawrence Livermore ir Berkeley laboratorijos eksperimentą
pakartojo ir patvirtino šį rezultatą . Jis buvo pavadintas garbei Glenn Seaborg .

Bohrium
Atominis skaičius : 107
Cheminis simbolis Bh
Grupė B VIItransaktynowcowych

1981 ,iš unnilseptium sukūrimas buvo paskelbta fizikų , dirbančių Darmstadt , Vokietija
tuo GSI . Komanda pasiūlė vardas nielsbohrium po Neils Bohr . Jų tyrimų reikalavimai
buvo patvirtinti 1992 IUPAC . 1997 metais, jie pakeitė pavadinimą į Bohrium .

HASSIUM
Atominis skaičius : 108
Cheminis simbolis : Hs
Grupė VIII Btransaktynowcowych

1984komanda , vadovaujama Peter Ambruster ir Gottfried Münzenberg paskelbė
unniloctium , elementas 108 atradimą . Tai buvopati komanda, kuri buvo susintetintas

Bohrium . Vardas jie pasiūlė buvo hassium po haasia Lotynų vardą Vokietijos valstybės Hesenas . 1992IUPAC patvirtino išvadas ir pavadinimą . Cheminės ir fizikinės savybės yra nežinoma.

MEITNERIUM
Atominis skaičius : 109
Cheminis simbolis : Mt
Grupė VIII Btransaktynowcowych

1982 ,Darmstadt komanda paskelbė apie elementą 109 atradimas bombarduoti bismuto 209 su aukštos energijos geležies 58 jonų . Neįtikėtina, kaip gali atrodyti tik 3 atomai buvo sukurta ir jie sugedę ir dėl 3,4 tūkstantosios sekundės reikalas. Jie pasiūlė jį pavadinti po Lise Meitner kurie kumštį aprašyta branduolio dalijimasis kartu su Otto Hahn .

UNUNNILIUM
Atominis skaičius : 110
Cheminis simbolis ; Uun
Grupė VIII Btransaktynowcowych

Po beveik 10 metų tarptautiniai mokslininkai , dirbantys GSI Vokietijoje sėkmingai sukūrė keturis ar penkis atomų naują elementą 110 . Naudojant didelio akceleratorių vairuoti nikelio atomų į dideliu greičiu jie užmiega ploną plėvelę švino šių greitai judančių atomų nikelio . Naujas elementas greitai subyrėtų ir skyla į lengvesnius atomus . Buvo aptikta 4 alfa dalelių, jos skleidžia jos skilimo metu.

Unununium
Atominis skaičius : 111
Cheminis simbolis : Uuu
IB GRUPĖtransaktynowcowych

Cheminės savybės elementas 111 nėra žinomas . Kadangi ji yra tame pačiame stulpelyje kaip auksą ir sidabrą tai matytmetalas. Po paspartinti nikelio atomų į dideliu greičiu Vokietijos mokslininkai užmiega bismuto šių greitai judančių nikelio atomų. Šio elemento nustatymas yra svarbus , nes ji palaiko teoriją, kad egzistuoja" sala stabilumo " elementų, šalia elemento 114 .Elementas turi pusėjimo maždaug 8 kartus , kad ununnilium .

UNUNBIIUM
Atominis skaičius : 112
Cheminis simbolis : Uub
II grupė Btransaktynowcowych

Vasario 9,1996 GSI Vokietijoje paskelbė apie elementą 112 visi kredito kūrimą į tarptautinę komanda, vadovaujama Peter Ambruster . Jie užmiega cinko atomus, kurie buvo paspartintas , kad dideliu greičiu su greitai judančius kulkų švino . Per susidūrimącinko atomas sugebėjo sulydyti su švino atomo .

Ununquadium
Atominis skaičius : 114
Cheminis simbolis : Uuq
IB GRUPĖTranscatinide

1999mokslininkų komanda bendroje branduolinių tyrimų instituto Rusijoje paskelbė naują ultra sunkiųjų metalų kūrimą. Komanda panaudojo ciklotroną bombarduoti plutonio 244 su kalciu 48 branduolių spindulį. Po maždaug 40 dienų bombardavimo ,calicium branduolys su 20 protonų nuspalvinti plutonio branduolių su 94 protonai gaminti elementas su 114 protonų . Nors nestabilus jis išgyveno gana ilgą laiką.

Ryžtas rasti gamtos paslėptus atsakymus nesumažėjo . Quest lieka vis toliau ieškoti naujų elementų supersunkie . Varomoji jėga, šios pastangos yraieškoti žinių, kad pradės turtingą naują studijų sritis branduolinių ir cheminių savybių elementų .

Taip pat yradaugiau utilitarizmo motyvacijos elementų , kurie sudaro stabilumo salą paiešką. Daugelis mokslininkų mano, kad, pavyzdžiui, šie nauji elementai sudaro neįprastas medžiagas egzotinių savybės niekada matė. Atsakymai , pateikiama šiame darbe yra labai svarbūs mūsų supratimą apie visatą.